绿野寻踪

猎隼的故事

马鸣 著

严学峰 邢 睿 陈学义 王尧天 等 摄影

中国林业出版社
China Forestry Publishing House

作者简介

马鸣：出生于新疆乌鲁木齐，自幼喜欢鸟兽虫鱼。在中国科学院新疆生态与地理研究所工作30余年，一直从事鸟类繁殖生态研究工作。最近20年的工作重点是猛禽野外调查，先后承担猎隼、金雕、高山兀鹫和秃鹫等国家自然科学基金资助项目。翻越昆仑山，横穿羌塘无人区与塔克拉玛干沙漠，研究足迹遍布西部的山山水水。出版专著十余种，发表论文百余篇。为了探寻猎隼的贸易渠道和保护经验，曾经前往蒙古、哈萨克斯坦、阿联酋、卡塔尔、摩洛哥、俄罗斯等国家考察。

本书中的猎隼故事，均来自野外观察记录。

目录

第一篇　猎隼知识 / 5
隼的起源 / 6
隼类家族 / 7
鹰猎文化 / 8
狩猎工具与猛禽利用 / 10
猎隼之殇 / 11

第二篇　隼类特征 / 12
形态 / 13
身体结构 / 14
喙与齿突 / 15
隼爪 / 16
辨别雌雄 / 17
叫声 / 18

第三篇　生态习性 / 19
栖息环境 / 20
迁徙 / 21
飞行技巧 / 22
捕食能力 / 23
食台 / 24
食丸 / 25

第四篇　繁殖后代 / 27
领域 / 28
求婚 / 29
建巢 / 30
产卵 / 31
孵化 / 32
雏鸟出生 / 34
养育幼鸟 / 36
训练出巢 / 40
年龄与寿命 / 42

第五篇　捕食策略 / 43
寻觅猎物 / 44
用计捕猎 / 46
尾随 / 48
空中拦截 / 49
滑翔 / 50
合捕猎物 / 51

第六篇　猎隼的烦恼 / 52
种群现状 / 53
生活中的困扰 / 56
人类的威胁 / 63

第七篇　猎隼的未来 / 65
学术讨论 / 66
海东青 / 68
保护猎隼 / 69

致谢 / 71

第一篇 猎隼知识

猎隼又叫沙漠隼、猎鹰、兔鹰、鹞子、海东青、兔虎、鸽鹘（鸽虎）。隼，古籍通作"鹘"（hú），而早期的西域民族也被称之为"回鹘"。新疆当地的维吾尔族人称猎隼为"匈喀尔"（Shunkar）。很久以前猎隼就被阿拉伯人当做鹰猎的好助手。

在冬季出现的"海东青"——白色型猎隼（张建国 摄）

空旷的原野，一只猎隼腾空而起，要大显身手了（Peter Csonka，陈学义 摄）

飞起

悬空

隼的起源

距今约 7200 万年以前,猛禽中的隼就已经出现了,而且一开始隼类就与鹰类分道扬镳。而真正的隼也就是现今地球上运行速度最快的这一类物种——隼属 (Falco),包括游隼和猎隼,它们大约在七八百万年前出现。当时,地球气候剧烈变化,出现了一望无际的荒漠化稀树草原。隼的起源完全得益于这种开阔地形和猎物的小型化。

隼类家族

根据最新的分类系统，科学家已经将鹰和隼分开，它们不再是一家。过去，隼形目中包含了鹞、雕、鹫、鹰、鹭、鹗、鸢、隼，几乎所有的昼行性猛禽。依据是它们在形态、解剖、结构、生态、行为、换羽特征等方面都比较相似。最新的研究认为，这些猛禽是多起源的，就是说鹰和隼并非是近亲。上述相似的形态特征与生态习性，只是趋同进化的结果。而令人诧异的是，分子生物学的分析结果显示，与隼亲缘关系比较密切的竟然是猫头鹰、鹦鹉和杜鹃等。

这样，隼类家族——也就是隼形目隼科中就只剩下为数不多的一些种类。全球有64种，中国只有12种，如小隼、游隼、矛隼、猎隼、红隼、燕隼、灰背隼、黄爪隼、红脚隼、猛隼等。

（注：新疆特有的阿尔泰隼和拟游隼，在分类上已经被并入其他种类和亚种。）

形形色色的隼类家族——①红隼、②燕隼、③黄爪隼、④拟游隼（赵勃，杜利民，马鸣，黄亚惠 摄）

鹰猎文化

人类对猛禽的崇拜历史悠久，可以追溯到大约公元前 3500 年。普遍认为鹰猎起源于中亚山地，新疆是这种文化的发源地及遗存地之一。而"鹰猎"是指人类驯养猛禽进行捕猎的活动，大约可以追溯到距今 4000～6000 年前，甚至更早。因为在中亚及中国西部，如新疆、青海、甘肃、云南等地的山区和牧区不仅保留下了这种传统，而且在远古文化遗存的"岩画"或者"图腾"之中就有一些先民驯鹰和狩猎活动的记录。

"鹰猎文化"或"隼文化"都具有悠久的历史，特别是利用较大型的鹰类、雕类和隼类猎捕动物在很多国家的经济、文化和体育传统中占有一定的比重。这些国家占据了欧亚大陆的一部分地区，从西部的沙特阿拉伯到东方的蒙古和中国，从北部的俄罗斯到南部的阿富汗、巴基斯坦和印度。马可波罗在其游记中就描述了成吉思汗军队的万人携隼狩猎场面，令人叹为观止。

猎隼尾羽

亮翅

新疆柯尔克孜族猎人驯养的猎隼（左）与拟游隼（右）（马鸣，王尧天 摄）

猎隼成为一些人狩猎的辅助工具,同时也是财富与地位的象征(马鸣 摄)

至今在很多国家的国徽、国旗或货币之中还以鹰为标志,得到特别推崇和敬仰。近代,传统的鹰猎或者隼猎活动主要在中亚和中东地区保持并流传下来,渐渐成为一种贵族的户外运动。

阿拉伯猎人的首选鸟类就是猎隼,这成为一种文化和财富的象征。因为猎隼习惯于生活在酷热、干燥、贫瘠、不毛的恶劣环境之中,还拥有比较卓越的猎捕特性。

狩猎工具与猛禽利用

在中国西部,游牧民族驯鹰及利用猛禽的历史非常悠久。现在依然保留有驯鹰传统的民族包括满族、回族、维吾尔族、哈萨克族、柯尔克孜族等。

作为狩猎的工具,每个民族喜欢驾驭的猛禽各不相同,如回族、纳西族、彝族等把玩的主要是雀鹰,用于捕捉鹌鹑和雀类。满族和维吾尔族较喜欢苍鹰,可以用于狩猎野兔、松鸡和野雉。而柯尔克孜族和哈萨克族喜欢较大型的猛禽,如金雕,捕猎的对象有狐狸、兔子和小盘羊。

藏族和塔吉克族喜欢用兀鹫或秃鹫的翼骨做成鹰笛,演奏美妙的音乐。

据记载,在古代中国,隼还被用于传递军事信息。在第二次世界大战期间,隼被训练后直接参战,用来拦截敌方的信鸽。

猎隼的种群数量越来越稀少,现代中国人对猎隼的使用渐渐减少。我们在老照片中看到猎隼的身影,竟是作为一种食材来出售。

中国北方传统的鹰猎活动(马鸣 摄)

北京小商贩出售猎隼(1909年)
(引自《隼》2010)

新疆南部驯鹰传统已被纳入第二批自治区非物质文化遗产目录(陈文杰 摄)

猎隼之殇

曾经有一位叫卡德尔的青年为了给60岁的父亲祝寿，决定上山为老父捕一只猎隼，想给父亲一个惊喜。

卡德尔将心爱的小女儿克孜娅尔用绳索吊着放下山崖，试图去接近下面的隼窝，以获取即将长大的幼隼。

当小克孜娅尔慢慢接近隼巢时，几只幼隼惊恐万状，嗷嗷直叫。它们一齐向空中盘旋的母亲求救。愤怒的母隼奋不顾身，从空中俯冲而下，直朝着卡德尔扑去，一瞬间将父女俩一同打入深谷，为爱失去了生命。

刻骨铭心的事情后人永远不会忘记。现在，当地的牧民很少有人再爬上山崖去捕捉幼隼。

猎隼的巢通常在悬崖上，这是研究人员在测量隼巢
（杨军，马鸣 摄）

第二篇 隼类特征

隼类在猛禽中体型相对较小,体长多为30～60厘米。隼类存在不一样的性二型性,与大多数鸟类情况相反,雌性的体型比雄性要大。隼类翅长而狭尖,飞行快而灵活,善于捕猎。所有的隼类都是珍稀猛禽,目前数量已经非常稀少。在我国,全部隼类都列为国家二级重点保护野生动物。

形态

猎隼在隼类中体型较大,全长约51厘米,翼展130厘米,体重700～1300克。通体浅褐色,羽色单调。颈背部偏白,头顶浅褐色。眼下方具不明显黑色线条,有较模糊的髭纹,眉纹白色。上体羽色与翼尖的深褐色成对比。尾部有暗褐色横斑,具狭窄的白色羽端。下体偏白色,腹部具有条形和椭圆形暗褐色斑纹。长而狭窄的翼尖深褐色,翼下大覆羽具黑色细纹。幼鸟不似成鸟干净,上体褐色深沉,下体满布黑色纵纹。

拥有变化多端的毛色,是猎隼的一个特点。羽色存在地理变化(这就是不同的亚种),随着年龄增长也会发生一些变化。当然,不同性别、不同个体之间也有差异,野外需要仔细。

身体结构

猎隼以敏捷的飞行和变化多端的猎捕动作著称，这些都得益于其独特的身体结构。与其他鹰类宽圆的巨翅不同，猎隼的翅膀尖而狭长，利于灵活飞行。猎隼俯冲时，瞬间速度可以达到每小时 280～360 千米。

另外，猎隼的飞羽排列紧凑，空中飞行时几乎看不到翼指。猎隼有 12 枚坚硬而发达的尾羽，在空中急转弯时呈扇形打开以维持平衡。颅顶扁平，可以减少飞行中的空气阻力。眼球体积特大，几乎大于脑容量。这样，视力调节迅速精准，不仅可以发现远距离目标，近距离冲刺时始终看清楚猎物。在猎隼的眼中完全不是三维概念，至少是可见光以外的四维视野，它的上眼眶骨比较突出，可以保护眼球在高速飞行中不被气流压迫变形。

喙与齿突

猎隼的喙短而呈弯钩状,十分锐利。两侧的齿凸,如同牙齿,可以辅助撕裂猎物的颈骨和肌肉,这也是隼类与鹰类不同的地方。猎隼的喙基部是厚厚的蜡膜,鼻孔内着生一柱形圆骨突,可以保证飞行时空气顺畅进入。

猎隼的喙与锯齿状牙齿(马鸣 摄)

隼爪

弯刀一样锋利的爪,是猎隼捕食的利器。看上去不如金雕强大,但猎隼的曲趾肌发达,把握有力也是一绝。一旦捕到猎物,锋利的爪子一下就可以刺穿胸腔,致其毙命。猎隼的双腿健壮无比,在空中拦截野鸽或野鸭时,就是依靠双腿的弹力将飞禽击落。

猎隼的爪(马鸣 摄)

辨别雌雄

雌性隼比雄性隼体型大许多，雌性的头、足、翼展和整个体型都大。有科学家解释这种现象：是母隼选择体型较小的公隼可以避免伤害到孩子。另外一种假说认为这可以将食谱扩展得更广，雄鸟捕捉体型较小、行动敏捷的鸟类，雌鸟则对付体型更大而反应慢的那些。在野外可以观察到，雌隼在育雏期间很少允许雄隼进窝，雌隼占有主导地位，雌雄的分工不同。

雌隼飞行时比雄隼翅膀扇动频率慢，鸣叫时声音也较低沉（沙哑）。这种体型和体重差异，造成夫妻两在非繁殖期形单影只，非常孤独。非繁殖季，如迁徙季节，隼类通常是单独活动，不一起旅行。因为它们的翼长不同，飞行速度不一样，终归走不到一起。

猎隼一家——母亲呵护孩子
（刘华平，Gabor Papp 摄）

呼叫是一种警告，表现出领域占据和护食行为（Gabor Papp 摄）

叫声

猎隼独特的行为和叫声，也是具有杀伤力的，但它却极少发出叫声。繁殖期的鸣叫，比较单调，"呱—呱—呱—"，是一种领域行为。

在育雏阶段，小鸟长到15日龄以上，当父母带回食物时，它们都会大声鸣叫，吵吵闹闹，好像饿坏了一样。这种叫声在很远就能够听到，容易暴露目标，很不利于种群自我保护。

第三篇 生态习性

猎隼性情孤傲，总是独来独往。在繁殖季节可以看到猎隼家庭成员在一起，几只幼隼出窝后，也会结伴而行一段时间。大部分时间，猎隼都是单独活动，领域范围有几百平方千米。

猎隼的栖息地和巢穴，通常是在悬崖之上

栖息环境

从准噶尔盆地海拔 280～480 米的沙漠戈壁到昆仑山－喀喇昆仑山 4800～5200 米的岩石峭壁，都能见到猎隼的踪影。猎隼对环境的适应能力非常强，喜栖于荒漠、湿地、山地、丘陵、河谷及欧亚草原的开阔地带，食物决定了它们的行踪。

欧亚大陆中纬度的内陆荒原，是猎隼的主要分布区。它们多在无林或仅有少许树木的旷野活动，繁殖地选择在多岩石的山丘地带。在我国西北地区，经常可以瞥见它们那一掠而过、搏击长空的英姿。

迁徙

过去,我们以为猎隼的迁徙毫无规律可循,四处游荡,为了食物奔忙。有的雄鸟守候在窝的附近,整个冬天都不愿离去。后来通过卫星跟踪,终于揭示了猎隼的迁徙规律。在西伯利亚和蒙古繁殖的猎隼要昼夜兼程到西藏去越冬,原因可能是那里的鼠兔特别多。

在中国西北一些地区,猎隼既是繁殖鸟,又是冬候鸟,它们来自不同的族群。甚至在非繁殖季节有一些无目的地漂泊的个体出现(迷鸟)在荒野里,都是因气候或食物而四处流浪。例如,猎隼在青海多为留鸟;在西藏东北部为繁殖鸟,南部为冬候鸟;在甘肃为旅鸟或夏候鸟;在新疆为夏候鸟(繁殖鸟)或冬候鸟;在其他地区包括河北、河南为冬候鸟或旅鸟。

总的来说,猎隼在春季于3月末至4月初迁到西伯利亚和蒙古繁殖地,在秋季于10月末至11月初迁离繁殖地,迁徙距离通常在800～1600千米。

飞行技巧

每当发现地面上的猎物时，猎隼总是先利用它那像战机一样可以减少阻力的狭窄翅膀，迅速飞行到猎物的上方，占领制高点。然后，瞅准时机，收拢双翅，使翅膀上的飞羽和身体的纵轴平行，头则收缩到肩部，像子弹一样以每秒75～100米的速度，成30度角向猎物猛冲过去。在靠近猎物的瞬间，稍稍张开双翅，用强健的双腿和利爪打击并擒获猎物。

它还可以像歼击机一样在空中对飞行的岩鸽、野鸭、沙鸡、山雀、百灵等鸟类进行袭击。追上猎物后，就用翅膀猛击，直至猎物失去飞行能力，从空中下坠，它再俯冲下去将其擒获。

捕食能力

隼类是肉食性动物,为了适应快速飞行,它们代谢旺盛,食量较大。猎隼可以根据环境中的食物组成和季节变化,调整食物结构。猎隼的食物包括各种野鸭、石鸡、波斑鸨、毛腿沙鸡、鸽子、椋鸟、野兔、鼠兔、大沙鼠等,鸟类和兽类几乎各占一半。

因猎隼具备超级敏捷的身手,飞行速度一流,一只猎隼至少能使160亩(10.67公顷)草地免受鼠患,被誉为"草原保护神"。

食台

　　食台其实就是猎隼的"厨房"或"餐桌",或者说"屠宰场"。通常这个地点选择在高高的山顶上,或者栖木上,或者水泥电杆的顶部。

　　猎隼捕捉到猎物,并不急于带回窝里,而是先放在食台上,屠宰、放血、剃毛、清除头颅和四肢。等一切清理干净,才带回窝喂幼鸟。这样可以避免鲜血污染了幼鸟的羽毛,窝里也会比较干净。

食丸

猎隼吃进去的食物中不能被快速消化和吸收的部分，如骨头、羽毛、兽毛、趾甲、牙齿等，最后会形成"食丸"被吐出来。因此，在猎隼的食台（餐桌）边能看到一些团状东西，这是科研人员研究猎隼食物组成的最佳材料。

食丸其实就是食物残渣，又叫食团、食球、遗留物等。在新疆卡拉麦里山自然保护区，科研人员找到 342 个食丸和 224 个动物残骸，通过解剖和鉴定这些残骸与食丸，分析食物种类至少有 24 种动物，其中鸟类 18 种，以小型鸟类为主；兽类 3 种，以荒漠优势种为主；还有爬行类 2 种、昆虫 1 种。不同的地方，猎隼的食物组成是不一样的。

猎隼食物残骸分析（马鸣 摄）

蜥蜴　沙鼠　野鸽　鼠兔　黄鼠

食物残骸

巢边遗留物分析（鸮）

猎隼的食物组成比较广泛，它的食谱清单里鸟、兽、爬行动物和昆虫应有尽有，什么都吃。但猎隼也很挑剔，除了新鲜的心脏和脑子，它们尤其钟爱从那些刚被宰杀还散着热气的动物尸体上撕扯下来的鲜肉。

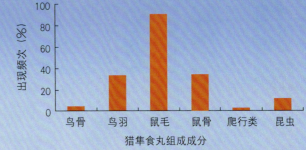

猎隼食丸组成成分

第四篇 繁殖后代

繁殖是鸟类生命历程中最重要的一个环节,也极其复杂。猎隼数量稀少,繁殖地选择在人迹罕至的地方,且活动范围较大,巢密度较低,很难发现它们的巢穴。4～7月为猎隼的繁殖期,从占区、筑巢、寻偶、交配、产卵、孵化、育雏到出巢,共需要100多天。

母亲呵护幼雏

领域

春天,鸟类开始了一年一度的繁殖活动。繁殖活动的第一步往往是占据一块安全舒适、食物丰富的区域作为繁殖的场所,这块繁殖区域就是它们的领域。

在猎隼的王国里,领域非常重要。它的领域范围(或者说活动半径)比较大,以巢为中心,方圆 10～25 千米都是它的领域,面积可达 400 平方千米。从这一点看,好像它们不喜欢集群繁殖,但是只要在野外找到一个猎隼的繁殖家庭,附近 10～25 千米以外一定会有另外的家庭。

每一个个体都不是孤立的,正是这种松散的族群关系,才能够维系猎隼种群间的健康发展。

求婚

3月上旬,雄性猎隼已经开始了占区、鸣叫、寻偶、调情、结对、挑选巢址,之后是翻飞、炫耀、交配、驱逐其他鸟类包括其他猛禽等。雄鸟所有的行为,都围绕雌鸟展开,大献殷勤,就是要俘获雌鸟的芳心,和它建立共同的家庭。达成交配之后,雄鸟还特别关照雌鸟,经常带回食物给雌鸟,这时的雌鸟要为产卵和孵化做准备了,需要大量蛋白质补充身体,增强体能。

除了繁殖期,猎隼很少结群活动(王尧天,邢睿,陈学义 摄)

荒野里和悬崖上的猎隼巢穴（Gabor Papp，严学峰 摄）

建巢

　　大多数猎隼在人、兽难以抵达的悬崖峭壁上营巢。在没有悬崖的地方，它们也可以营巢于树杈上、铁路桥下、电线杆上、建筑物中。有时在开阔的场地（草原）如大多数国家边境界桩或立柱上，甚至是人类提供的巢箱里也能见到它们的巢穴。

　　猎隼其实很懒，也很霸道。它们经常占用渡鸦、秃鹫、大鵟、棕尾鵟、金雕、白肩雕等鸟类的巢穴。在别家的巢中，用枯枝、少量兽毛、羽毛等加以铺垫，就美美地在巢中产卵、孵化了。

产卵

猎隼一年只有一次繁殖机会,产卵期在4月,在南部地区可能3月下旬就开始产卵了。每窝产卵3～5枚,偶尔产6枚。卵的大小为56毫米×42毫米,重54～60克,如同鸡蛋大小。

卵壳颜色为赭黄色或红褐色,密布深褐色斑点。雌鸟平均每隔1～2天产下1枚卵,产卵期要持续10天左右。此期间,雄鸟忙于猎捕食物,为雌鸟增加营养。

正在出壳的雏鸟(马鸣 摄)

猎隼的卵(赭红色)(马鸣 摄)

孵化

雌鸟通常产卵没有完全结束就开始孵化了。整个孵化期，雌鸟要投入80%的时间。雄鸟除了短时间轮换孵卵外，主要任务是警戒和捕猎，定时喂食雌鸟。

通过红外探头监视猎隼孵卵期的一举一动，可发现猎隼孵化过程中每天有趣的所作所为。

孵卵期间，猎隼除了将头埋在翼下睡大觉，还要有翻卵、转身、观望、理羽、凉卵、警戒等动作。雌鸟有时要离开一会儿，上个厕所、喝口水、吃个"点心"什么的。雌鸟出去了，雄鸟就会很快回来替换一下。

两巢都被猎隼占据了：左图原来是普通鵟的巢，右图原来是棕尾鵟的巢（Bagyura János ，马鸣 摄）

孵卵重任主要由母亲承担，父亲负责警戒和捕猎
（马鸣 摄）

卵是一个活体，需要呼吸，不时透一透新鲜空气，这有利于迅速发育的胚胎。孵卵过程中，双亲会让卵有1～2分钟的"凉快"过程。随着破壳期的临近，凉卵的次数会增加。

经过28～30天，到5月下旬，一只只雏鸟破壳出生了。

同一窝卵产出时，前后相差10天左右，初生的雏鸟不同步，个头有大有小，它们相互间的竞争力也就不同了。

雏鸟出生

猎隼出壳前，可以听到卵壳内的胎儿有细微的叫声。胎儿是自己破壳，父母亲都帮不上忙。胎儿的上嘴端部有一枚破壳器一样的结构，十分尖锐，轻轻顶几下蛋壳，就会啄出一个小洞。

这天下午 5 点左右，第一枚卵破壳了。可能是近期天气不好的原因，这一窝猎隼的孵卵期延长了好几天，总共 32～34 天。直到夜里第二枚卵也出壳了。

见到小宝宝，母亲就再也不离开巢了，就是宝宝父亲来了也不让开。母亲不停地翻动剩下的卵，晃动身体，半蹲半就，彻夜不眠，不停转身，忙个不停。

母亲呵护雏鸟，雏鸟快速成长（邢睿 摄）

注意雏喙上的白色破壳利器

母亲护子，无微不至；雏鸟非常贪吃，看肚子和透明的嗉囊都是鼓鼓的
（马鸣，邢睿 摄）

猎隼哺育后代需要父母亲共同担当。雏鸟是晚成性的，刚开始弱不禁风，双眼紧闭，完全要由母亲呵护，父亲的责任是安全保障和食物供给。父亲为妻子儿女捕猎食物，偶然进巢内想看看孩子，但很快就被雌鸟赶走。母亲很不放心孩子的安全，从早到晚都守护在窝里。

父亲带回老鼠，交给母亲撕扯，去头、清理干净、沥干血渍，然后一个一个地喂宝宝。它喂得很有耐心，非常仔细。喂完宝宝还要清理巢穴，清理粪便、卵壳、杂物等。

伟大的母亲一直是用双臂（两翼）支撑着身体；双腿半蹲，为雏鸟挡风、遮阳、避雨、驱寒、御敌。经过 45～50 天的育雏期后，幼鸟才能长大。

猎隼繁殖资料	
繁殖季节	4～7月
卵 大 小	56 毫米 × 42 毫米
卵 　 重	54～60 克
窝 卵 数	3～5 枚（偶然 6 枚）
孵化时间	28～30 天
育 雏 期	40～50 天

育雏是最辛苦的工作,雏鸟食量非常大,母亲往往精疲力竭(严学峰 摄)

养育幼鸟

20～30日龄后,幼鸟可以自己进食了,这是幼鸟生长最快的时期,一日要吃上6餐。亲鸟每天捉回2～4只鸽子,每只幼鸟一天至少分享到1只鸽子,食量很大。

除了鸽子,还会有野兔、黄鼠、沙鼠、椋鸟、毛腿沙鸡、野鸡、石鸡、波斑鸨、蜥蜴等改善口味。

这期间,幼鸟的活动量也在逐渐加大,每隔2小时,起身走动、跳跃、扇翅、站立、理羽、挠痒、吃食、打架、游戏、训练、排泄、低声鸣叫等等,这些活动占去一天中16%～20%的时间,其余时间就是睡大觉。

每天天不亮幼鸟就露出头来，不停地用头顶妈妈肚子，"要吃的——我饿了！"

整个喂食的过程，母亲是一个一个幼鸟分别喂食。幼鸟中强壮者个头大、脖子长、头伸出去远、抢食快，能最先吃到食物。猎隼从小就有等级观念，老大吃饱了，才轮到老二吃，再是老三、老四……

刚开始每天要吃6～7次，后来减少到4～5次。喂一次食物花费时间从十几分钟渐渐到只需要5～6分钟。幼鸟的适应能力在逐渐增强，身上长出羽芽，体温慢慢可以自控了，白天可以不用妈妈抱着了。但是，夜里孩子总是喜欢睡在妈妈的脚背上，有依赖感和安全感。

寻觅

饮水

（刘华平 摄）

在荒漠戈壁，气温经常达到 30℃ 以上。连续 40～50 天，幼鸟一直待在窝里，怎么来解渴呢？

这时的幼鸟都是通过吃鲜活的动物尸体及其内脏来获得水分，因为动物的内脏含水量最高，可以达到动物自身重量的 70%～80%。

在赤日炎炎的夏季，成年猎隼要到水库边找水喝。

6月里,天刚蒙蒙亮,父亲带回一只绿色蜥蜴。蜥蜴尾巴还在摆动,母亲几乎将它活剥、分解,几分钟内就让孩子们吞食了这个绿色怪物。

猎隼很小就养成了讲卫生的习惯,排泄都退到窝边,像梭镖一样射出去。在它们的巢外能看到六七道稀稀的、细细的、新鲜的、奶白色的、漂亮的粪便痕迹,就像绘画一般,这就是幼鸟的杰作。

崖壁上的猎隼窝,白色的印迹是幼鸟的排泄物
(马鸣,Gabor Papp 摄)

训练出巢

天黑了,母亲还在喂食,小鸟都要撑死了,嗉囊鼓鼓的,脖子粗粗的,食物都顶到喉咙眼了——原来是天气要变了。雨天里捕不到食物,父母都有预见性,所以变天之前要尽量给孩子们喂得饱饱的。

在巢中的孩子们是无忧无虑的。平日里它们互相游戏,挤、顶、压、叼、啄、推、搡、骑、跳,为自己出巢打下基础。母亲也会当着它们的面解剖猎物尸体,每天都有一段给猎物拔毛的表演,让小鸟观看,使它们尽早认识世界。

捕猎与传递食物演示
(Peter Csonka,陈学义 摄)

成鸟越来越瘦了,小鸟却越来越肥了,可想父母付出了多少。

育雏后期,幼鸟体重已经接近成鸟甚至超过亲鸟的体重。从出壳时不到40克体重的雏鸟,到出巢时已达到700～900克体重。

这时的幼鸟很兴奋,它们开始练习飞行技巧和捕猎能力,为出巢做好准备。

出巢的那一天对于幼鸟至关重要,死亡率比较高。有的年份,幼鸟死亡率可以达到60%～70%。

出巢后亲鸟要不断地进行飞行示范、教育和呵护,甚至还要为它们投食,以保障幼鸟的身心健康。

7月是幼鸟出飞的时间,刚出飞的幼鸟并没有远离巢穴,每日都回到巢中睡觉,在周边寻找食物。

有的时候可以看到它们以家庭合作的方式捕捉猎物,亲鸟要引导幼鸟去有效学习捕猎的方法。直到真正"长大成鸟"才会放飞自己。

雏鸟和亚成鸟（马鸣，刘华平 摄）

年龄与寿命

猎隼的年龄划分，可以根据羽色、嘴上蜡膜和跗蹠（腿脚）的颜色分出雏鸟（刚出壳）、幼鸟、亚成鸟和成鸟几个年龄段。通过毛色和身体测量，可以推算出大致年龄（见下表）。猎隼要达到能够"成家立业"的年龄是2~3岁。对猎隼的寿命没有准确的记录。人工饲养的猎隼寿命最长可达28岁，而野外的平均寿命可能连这一半都达不到。在迁徙期幼鸟的死亡率非常高，每年只有30%~40%的幼鸟能够存活下来。

猎隼的年龄变化对比

特征	雏鸟（刚出壳）	幼鸟与亚成鸟	成鸟
身体颜色（羽毛）	白色（绒毛）	黑褐色或比较暗	比较淡（亮）
前胸及腹部	皮肤裸露	多纵条纹，比较分散	有横斑或细斑点，或有条纹
跗蹠和蜡膜的颜色	蓝灰色	蓝或灰蓝色（玉爪）	黄色（6岁内变化比较大）

第五篇 捕食策略

　　猎隼的生命中，捕猎食物是其主要任务，形成了完美的捕食策略。它的捕食动作敏捷，出击花样百出，疾飞如箭，俯冲如电，翻滚垂落，攻击迅猛，是最优秀的"飞行猎手"。它的捕食行为凶猛、狡黠、坚毅，无往不胜。

寻觅猎物

狩猎前,猎隼会选择一个有利的制高点,若无其事地站在那里等着。这时它在寻找或倾听猎物出现的迹象,如窸窸窣窣的老鼠动作,叽叽喳喳的小鸟乞食叫声。即使猎物在4千米远处,仍能被觉察。

有时它要沿着丘陵、峡谷、草原、田野、森林空隙、水面、树缘、篱笆、林带等快速飞行,搜寻猎物。它们会根据地形快速低空追踪猎物,飞行高度只有几米,出其不意地袭击猎物。这样的追踪有一点盲目性,也很耗费体力,猎隼较少使用这种方法。

用计捕猎

通常情况下猎物能够觉察到隼的存在，时刻警惕着隼的一举一动。所以，隼不必隐藏自己的身影，需要隐藏的只是自己的意图。当猎隼遇到集群的鸽子、沙鸡、椋鸟、乌鸦时，会采取佯攻打乱其队形，使一些个体掉队，轻易就捕捉到了美味。

冲入鸽群，打乱队形，各个击破（Gabor Papp 摄）

那一天,在天山大峡谷,一只猎隼静栖在山口的大树上,不停地注视着峡谷另一头。因为峡谷是迁徙鸟类经常经过的地方,只要守株待兔,静等猎物出现,就可以节省体力捕获猎物。果然,等到猎物出现在有利于捕杀的位置时,它就开始截击猎物,大获成功。

尾随

　　有时，猎隼先是高空侦察，然后不动声色尾随猎物群前进，迂回袭击。它们往往设下圈套，不慌不忙地等待猎物进入圈套而轻松捕获猎物。

　　刚出巢的猎隼幼鸟喜欢尾随老鼠或兔子，故意惊吓它们，似乎是一种游戏，都是在玩弄猎物。

尾随紫翅椋鸟群——紧紧盯住了其中一只（Gabor Papp，马鸣 摄）

空中拦截

猎隼最精彩的特技表演，就是在空中拦截快速飞行的野鸭。拦截的方法很多，有斜俯冲拦截、垂直下落拦截、伪装飞行超低空拦截等。

在接近猎物的一刹那，为了避免撞击，猎隼会打开双翅、头部后仰而爪子立即伸出去抓获猎物。如果猎物比较大，猎隼就会猛然一击试图杀死它，或者让它失去平衡，丧失飞行能力。

滑翔

猎隼用滑翔的袭击方式捕猎有很高的成功率,而且花费很少的体能。滑翔通常从一根栖木起飞,毫无声息。猎隼试图在不惊动猎物的情况下抓到它,滑行时以小俯冲的角度去袭击猎物(通常小于30度),离猎物越近时,速度也越快。

当距离猎物只有几米时,猎隼突然张开翅膀减速,然后抓住地面上的猎物。有时滑翔距离很长,可从几千米远处开始发力,利用自由落体,侧身翻滚,冲飞逼近,一击猎获。

合捕猎物

　　捕猎时，单只隼不能捕到猎物，它们常常会选择合作。两只或者更多的隼一起合作，成功率比较高。而合作者通常都有一定的关系，例如一对夫妻，或者兄弟俩，也可以是同一家庭的几只隼。

　　合捕时，猎隼如发现有猎物进入草丛中，会急速下落，并拍打翅膀试图把猎物惊吓出来。有时一只隼把鸟吓出来，另外一只则对鸟进行攻击。家庭合作捕猎也是幼鸟有效学习生存能力的一部分。

第六篇 猎隼的烦恼

中国是猎隼资源分布的大国，而猎隼所面临的危机却无人知晓。全国各主要海关都曾经发生过和截获了猎隼走私案件。包括北京、天津、上海、成都甚至香港等非猎隼出产地，也出现了多起旅客非法携带猎隼借道出境的案件。

传统的"隼文化"，逐渐演化成了"隼灭绝"。金钱诱惑与利益驱动，传统文化与现实法律以及飞速发展的经济与物种保护发生了巨大的冲突，给猎隼的生存带来了很大障碍。

种群现状

根据专家估计，现在全球猎隼种群只有 12200～29800 只（成体）。从 1993 年阿拉伯人大量捕捉猎隼开始到 2012 年，不到 20 年的时间，猎隼种群数量下降了约 47%。

在新疆的卡拉麦里山，科研人员观察猎隼繁殖密度低于 1 对／1000 平方千米。20 年前见过的许多巢穴，现在都空置着，出现了"隼去巢空"的局面。

野外观测猎隼种群状况
（马鸣 摄）

猎隼的处境不容乐观（马鸣 摄）

西部很多山脊曾是猎隼的营巢和栖居地,如今却被彻底毁坏。这完全是由于人为的因素在很短的时间内使猎隼的资源受到巨大的破坏。

因非法和合法的贸易而大量捕捉幼鸟,是造成猎隼种群数量急剧下降的主要原因。

还有一些人借口科研、人工繁殖与保护,通过官方合作或者国际交流(交换),合法化地捕捉、饲养、运输、出口、交换野生动物,使得猎隼野生种群受到破坏。

各地大力举办文化节——鹰猎节,以拉动经济增长。柯尔克孜族的驯鹰习俗已被纳入了第二批自治区非物质文化遗产目录(马鸣 摄)

在阿联酋和卡塔尔的猎隼繁育中心，有3～5种不同的隼类混合饲养（品种混杂），除了猎隼，还有地中海隼、游隼、矛隼（极地隼）、拟游隼和阿尔泰隼等。显然，各国养殖中心都存在隼种群退化、种源不足、遗传完整性与遗传多样性下降的问题。人工繁殖饲养的种源不纯，将来放归时的野性也会不强。

猎隼中心的猎隼退化严重（马鸣 提供）

猎隼的食物资源包括蜥蜴、野兔、鼠兔、黄鼠、沙鼠、野鸽、石鸻、石鸡、波斑鸨等（马鸣 摄）

生活中的困扰

冬季，北方很多动物都冬眠了，或者迁徙离开了，猎隼可捕捉的食物日益减少，常遇到食不果腹的困境。特别是在人类活动无处不在的今天，杀虫与灭鼠，开垦与采矿，使猎隼栖息地遭到破坏，生存空间越来越小。

惨遭杀戮的猎隼（Gabor Papp，Andras Kovacs，马鸣 摄）

　　现今世界上大部分地区法律是禁止杀戮猎隼的，但依然会有猎隼被枪杀和毒害。原因是一些人的利益受到了侵犯，如饲养场的小动物被猎隼袭击，有些人饲养的信鸽被中途拦截等，对他们来说，猎隼是"冷血杀手"，是害鸟。在一些地方还有人把猎隼当做餐桌上的美味。

野外猎隼是否被疾病折磨，人们并不清楚。而偷猎者捉到猎隼后，用丝线缝上它的眼睑，再用特制的背心捆住翅膀和双腿，或者干脆打上麻醉药，再用白布缝制的布套罩住，预备偷运出境。

大多数猎隼经受不住持续地捆绑、饥饿、受冻、高温、脱水、缺氧窒息、长途旅行等折磨，或因被缝合的眼部感染发炎而死去。在走私出境的过程中，这些猎隼十有八九被致残废或死亡，真的是"九死一生"啊！

运输途中长时间的捆绑，造成猎隼窒息和死亡（马鸣，崔明浩 摄）

环境污染，是一个无形的杀手。食物中的毒素积累，同样对于猎隼有害。现代化的工业所排出的酚、氰、砷、汞、铬、铅及农业大量使用的有机磷杀虫剂等，对猎隼的生存和繁衍，均会产生严重的后果。

猎隼长期捕食药物中毒的猎物后，导致二次中毒，产下"软蛋"或卵壳变薄，胚胎组织干瘪，它们的受精率和孵化成功率降低，幼鸟死亡率增高，严重影响了种群的发展。

猎隼面临的诸多危险，处于灭绝的边缘
(Peter Csonka，马鸣，马光义，Gabor Papp 摄)

猎隼有登高的习性,难免被高压电击中。全球每年遭电击死亡的猎隼达 4300 只,加上遭非法捕捉中损失的,使得猎隼种群的濒危等级在不断提升。

登上高压线的猎隼
(Peter Csonka,马鸣 摄)

猎隼喜欢在夜间或者是低空迁飞,不免发生致命的碰撞。碰撞也称为鸟撞、鸟击、撞机等,指飞行中的动物(鸟类或蝙蝠)与起降的飞机、高速运行的火车和汽车以及人类建筑物发生碰撞造成的意外事件。

鸟撞事件一旦发生,对人类会造成经济损失,甚至威胁人身安全,鸟类的损失也是惨重的。

狐狸　　　　　　　　　　雕鸮　　　　　　　　　　渡鸦

　　过去，人们以为猎隼是没有天敌的，除了人类，几乎没有什么动物敢攻击猎隼。但是，科研人员通过红外相机在夜间拍摄到雕鸮和狐狸攻击猎隼幼鸟的情况。

　　在人工巢箱附近的渡鸦，有的时候也会攻击猎隼的雏鸟。还有几次，遇见猎隼幼鸟意外落到巢外，在悬崖下摔死、饿死或者丢失，凶手可能是其他猛禽。所以，猎隼并非是天下无敌的。

人类的威胁

猎隼被我国列为国家二级重点保护野生动物，但在一些地方允许贸易。在甘肃河西走廊和新疆卡拉麦里自然保护区有几个猎隼的迁徙通道，每年来自蒙古、俄罗斯、哈萨克斯坦的猎隼进入新疆、甘肃，前往青藏高原越冬。由境外盗猎者结成的国际野生动物走私团伙，以科研合作、观光、旅游、做生意的名义，携带猎捕工具进入我国西北地区。他们对这些猎隼进行有组织、有计划地肆意盗捕。他们还用高价收购的手段，引诱当地牧民帮助他们，甚至收买当地人员为他们捕捉或运输做掩护。

猎隼面临的问题很多（马鸣 摄）

游客与猎隼（马鸣 摄）

试架（马鸣 摄）

在中亚一些偏远落后地区，一只猎隼的价格达到1000～2000元人民币，而运出境以后，价格就翻番了。

在一些国家，品种优良的阿尔泰猎隼价格最高时可卖到几十万元。一只训练有素用于机场驱鸟的猎隼，价格在几百万元，成为世界上最贵的"猎鸟"。

猎隼的天价吸引了众多的捕猎者和贩卖者，不法分子铤而走险，大肆非法捕捉猎隼，在边境地区从事走私与贩卖活动，非法贸易久禁不止。

人类的破坏行为对猎隼的繁衍及生存造成极大威胁，是时候强化对这一物种保护工作了。

第七篇　猎隼的未来

尽管世界上许多国家和国际组织都在为拯救猎隼贡献力量，阿联酋、卡塔尔、摩洛哥、英国等国通过人工繁育，每年向野外释放一批猎隼，以缓解捕捉的压力。然而，这些努力却不能拉平捕捉、电击和中毒造成的损失。我们现在需要做的是，禁止贸易、积极开展猎隼资源调查、建立救助体系、为猎隼保护立法等，尽力保护猎隼资源。

学术讨论

学术界根据地理分布差异（如大小、色泽、斑纹），公认猎隼有两个亚种，即指名亚种和北方亚种。

至于阿尔泰隼（亚种）的归属，一直就有争议。有人认为阿尔泰隼就是黑色型的猎隼或矛隼，也有人将阿尔泰隼独立为一个种。

当你在野外遇见黑色或者白色的大隼（海东青）时，一点也不要奇怪，色型与体型上的差异可能仅仅是性别与年龄上的变化。

形形色色的猎隼。猜一猜谁是海东青？（王尧天，杨军，徐捷 摄）

在野外能遇见猎隼与拟游隼结成夫妻,共同繁育出幼鸟。阿尔泰隼被认为是矛隼与猎隼杂交产生的后代,这完全打破了物种分类学的概念,成为科学之谜。最新的分类学著作中,已经将拟游隼和阿尔泰隼都除名了,争议显然存在,科学家的意见并不一致。

在北美游隼(亚种)绝迹以后,人们重新引入的都是杂交种。虽然成功修复了生物链,却被后人诟病。所有人类介入的杂交,都可能会降低或改变生物的遗传多样性。

自然杂交后,红褐色的颈部毛色似乎更多,成为拟游隼的特征(王尧天 摄)

海东青

猎隼一直是最贵重的外交礼物之一,是各国王室间最受欢迎的赠品。而传说中的海东青是隼中极品,源自千年古籍记载的朝贡之物。历朝历代,这几乎就是一个神话。现在考证海东青,被认为是白色型的猎隼,也有人认为是矛隼。只是矛隼的分布区在北极苔原地区,极其罕见,与中国本土关系不大。

猎隼中的佼佼者——海东青

保护猎隼

  人类越来越担心猎隼的命运。它所遭遇到的一切，也关系到人类和人类赖以生存的地球的未来。2012年，国际机构已将猎隼的红色名录等级由易危（VU）调整为濒危（EN）。《中华人民共和国野生动物保护法》及《国家重点保护野生动物名录》，经过专家讨论，拟将猎隼级别升格为国家一级重点保护野生动物。

  有些国家为猎隼建立了"猎隼医院"，值得我们学习和借鉴。在阿布扎比猎隼医院，每年有数百只猎隼得到救治。这个猎隼医院的理念和设备非常先进，为猎隼的救助与保护起到了积极作用。这是一个独立的机构，医院内的设施齐全，诊疗室、手术室、隔离室、观察室、病房应有尽有。X射线透视仪、手术台、麻醉药与消毒器械都是世界一流的。

  愿猎隼这个勇猛、美丽的物种在世界上兴旺发达。

阿布扎比的猎隼医院（马鸣 摄）

在一望无边的草原，猎隼很难找到营巢的环境。再加上采矿和放牧，人类活动占据了猎隼的繁殖地。一些猛禽在电线杆上筑巢，造成触电死亡。为了解决这些问题，保护工作者为猎隼搭建了食台和巢箱，吸引猎隼在荒漠草原地带繁殖。一方面控制了鼠害，另一方面增加了猎隼的繁殖机会，为保护猎隼起到了良好作用。

人工巢箱可以成功招引猎隼落户繁育后代
（董文晓，Peter Csonka，Gabor Papp，马鸣 摄）

致 谢

猎隼是地球上最富有魅力的猛禽之一。追随猎隼这么多年，我们与亚、非、欧、美十几个国家的科技工作者合作，足迹遍布西藏、青海、新疆、甘肃等西部地区，留下了永生难忘的故事。因为素材都是现成的，编写只用了很短的时间。这里特别要感谢我的学生们和一批志愿者。

本书汇集了近百位摄影师数千幅作品中的精华，优中选优，百里挑一。对以下摄影作者特别在此致谢，他们是严学峰、邢睿、陈学义、王尧天、Gabor Papp、Peter Csonka、杨军、刘华平、Eugene Potapov、李世忠、秦云峰、文志敏、陈文杰、Andras Kovacs、张建国、李边江、杨文德、高亚东、丁进清、董晓鸣、Mátyás Prommer、马光义、杨飞飞、Igor Karyakin、徐捷、苟军、黄亚惠、杜利民、董文晓、冯刚、詹祥江、陈胜家、李维东、王瑞、魏希明、丁鹏、王述潮、陈莹、徐峰、吴逸群、梅宇、胡宝文、赵序茅、刘旭、李军伟、张同、徐国华、吴道宁、赵勃、范书财、崔明浩、徐传辉、蒋可威、刘晓建、张新民、Bagyura János 和 Istvan Balazs 等。

最后，我们要感谢国家自然科学基金委员会（资助项目 30470262；31572292；31272291）及国际猎隼保护与研究机构的支持！

图书在版编目（CIP）数据

猎隼的故事 / 马鸣著；严学峰等摄影. -- 北京：
中国林业出版社, 2019.9
（绿野寻踪）
ISBN 978-7-5219-0260-0

Ⅰ.①猎… Ⅱ.①马… ②严… Ⅲ.①隼形目－基本知识 Ⅳ.①Q959.7

中国版本图书馆CIP数据核字(2019)第194138号

中国林业出版社·自然保护分社（国家公园分社）

策划编辑 刘家玲
责任编辑 刘家玲 葛宝庆

出　　版	中国林业出版社（100009 北京西城区德内大街刘海胡同7号）
网　　址	http://www.forestry.gov.cn/lycb.html
电　　话	(010) 83143519　83143612
发　　行	新华书店北京发行所
印　　刷	固安县京平诚乾印刷有限公司
版　　次	2019年10月第1版
印　　次	2019年10月第1次
开　　本	880mm×1230mm　1/24
字　　数	100千字
印　　张	3
定　　价	28.00元